当代顶级景观设计详解

TOP CONTEMPORARY LANDSCAPE DESIGN FILE

本书编委会·编

住宅景观

RESIDENTIAL LANDSCAPE

中国林业出版社

China Forestry Publishing House

图书在版编目（C I P）数据

住宅景观 / 《住宅景观》编委会编. -- 北京 : 中国林业出版社, 2014.8
（当代顶级景观设计详解）
ISBN 978-7-5038-7509-0

Ⅰ. ①住… Ⅱ. ①住… Ⅲ. ①住宅－景观设计 Ⅳ. ① TU241

中国版本图书馆 CIP 数据核字 (2014) 第 107325 号

编委会成员名单
主　　编：董　君
编写成员：董　君　张寒隽　张　岩　金　金　李琳琳　高寒丽　赵乃萍
裴明明　李　跃　金　楠　邵东梅　李　倩　左文超　陈　婧
姚栋良　武　斌　陈　阳　张晓萌

中国林业出版社 · 建筑与家居出版中心
出版咨询：（010）8322 5283
责任编辑：纪亮 王思源

出版：中国林业出版社 （100009 北京西城区德内大街刘海胡同 7 号）
网址：http://lycb.forestry.gov.cn
E-mail：cfphz@public.bta.net.cn
电话：（010）8322 5283
发行：中国林业出版社
印刷：北京利丰雅高长城印刷有限公司
版次：2014 年 8 月第 1 版
印次：2014 年 8 月第 1 次
开本：170mm×240mm 1/16
印张：12
字数：150 千字
定价：88.00 元（全套定价：528.00 元）

鸣谢：
感谢所有为本书出版提供稿件的单位和个人！由于稿件繁多，来源多样，如有错误出现或漏寄样书，敬请谅解并及时与我们联系，谢谢！电话：010-83225283

CONTENTS

拉卡斯塔格伦社区 4

Pilestredet 公园 10

Potgieterstraat 社区 16

北京万科紫台项目景观设计 22

北京香山 81 号院 28

合肥绿地国际花都 34

上海绿城 42

van Beuningenplein 社区 48

Aitz Toki 别墅 54

观岭国际社区 58

无锡九龙仓古运河项目 62

潮华雅居 68

东莞长城世家 74

兰乔圣菲高尚居住区 80

滨江・爱丁堡二期 86

广州时代玫瑰园公共交流空间系统及景观 92

运河岸上的院子 100

招商花园 106

翡翠城汇锦云天居住小区 112

恒邦・翡翠国际社区 118

卡伦住宅区 126

合肥金色池塘 132

佳兆业香溪澜院 140

万科金域华府 146

沈阳万科金域蓝湾 152

厦门金域蓝湾 156

远洋城 162

唐人起居 170

星湖湾畔的中国院落 178

龙湖・香醍漫步样板房区 186

RESIDENTIAL LANDSCAPE

拉卡斯塔格伦社区
La Costa Glen

项 目 名 称：拉卡斯塔格伦社区
项 目 地 址：美国 卡尔斯巴德
项 目 面 积：485,626.6 平方米
景 观 设 计：美国 mcm 集团

拉卡斯塔格伦是位于圣地亚哥北部的一个高档的集体照护公寓社区，它为现有的度假区带来了新的视角。该豪华集体照护设施有私人房间和集体用餐区，老年人可以在住宅区内进行选择。Ima 利用创新的景观设计将一个三层高的公寓建筑、一个单层独体别墅和一个健康中心整合为现在的拉卡斯塔格伦蓝图，并延伸 3642 亩地。拉卡斯塔格伦座落在湖畔山林中，鼓励居住者相互交流，在此享受大自然的美。该项目景观与典型的居民区开发不同，它使拉卡斯塔格伦环绕在丰富的大自然美景中。这个综合性的特色花园中有 170 种植物体，每一种植物在触觉、视觉和嗅觉上都给居住者带来花园变幻无穷的美的体验。

7827
NO PARKING

7827

CLUBHOUSE

Pilestredet 公园

Pilestredet Park

项 目 名 称：Pilestredet 公园
项 目 地 址：挪威 奥斯陆
项 目 面 积：70,000 平方米
景 观 设 计：Bjørbekk & Lindheim

Pilestredet 公园是一个城市生态学试验项目。奥斯陆原国立医院迁址之后，城镇中心 17.3 多英亩的地区都变成了居住和娱乐区。Pilestredet 公园是市中心一片没有汽车的绿洲，车辆大部分都安置在为骑脚踏车和行人设计的区域之外。地表水系和雨水管理体系以其设施为特色，并充分利用了场地 16 米的自然落差。室外有潺潺的小溪、水道和水池。每滴水都经过精心的处理并反复使用，流淌、滴落，或静静的躺着，反射着天空和树梢。

本项目遵守环境友好原则，使用了原医院的建筑材料和构件。原医院的楼梯、基墙、窗框和花岗岩大门都被保留了下来，重新利用到地面、楼梯和边缘的建造中。古老的入口门被用作攀岩墙，或作为沙坑或水池框架的一部分。混凝土和其他建筑石块都进行了破碎处理，然后重新用作回填或道路和公共空间使用的浇筑混凝土的骨料。在 Pilestredet 公园中，纺织业的术语“碎呢地毯”和“拼凑”被直接应用在室外地板的建造之中。

旧水池进行了修复，并增加了一个新的元素，即一个带水幕的钢架，向池中注水。这里有一个大的箭头型弯道，孩子们可以以各种方式玩耍，因而成为深受孩子们喜爱的嬉戏场所。

医院搬走以后，留下了茂盛、雄伟的大树。即使这些大树距离建筑很近，我们也设法将其保留下来。如果老树死掉了，我们会重新种植新的树木，同时还种植了许多灌木、爬藤植物和地被植物，在市中心打造出郁郁葱葱的绿色景象。此外，地被植物方便维护，无需经常除草。

原国立医院建于 1883 年，厚重的围墙将其与公众隔离。遵照遗产保护的指令，这些都被保留下来，不过有些地方也做了一些改动，以方便人们进入新建的区域。进入之后就没有围墙或限制了，人们可以从一个室外空间自由地进入另一个室外空间。很多人都将这些公共空间当作上下班途中舒适的绿洲，而另外一些人则将其作为远离城市喧嚣的场所，或是可以安静地吃午餐三明治的场所，抑或是在市中心的一处平和、绿色的放松场所。

Potgieterstraat 社区

Potgieterstraat

项目名称：Potgieterstraat 社区
项目地址：荷兰 阿姆斯特丹
项目面积：1,500 平方米
设 计 师：Carve

小措施往往能引起更大的变化。Amsterdam 一条街道的设计因为有着当地的参与变成了市民参与的一个平台。

先前的状态

Potgieterstraat 坐落在 Amsterdam 内，19 世纪建筑的背景可追溯至 Amsterdam 的第一次大扩张。当时的街区类型在今天成为了公共生活的一个缺点，因为这些街区的内庭院是不开放给公众使用的，而且街道也从来不是为了今天的交通而设计的。一般来说，这儿缺乏公共广场和公共绿地。这里的街道是由汽车为主，最近推出的自行车道是一种交通的解决方案，遗憾的需要一个可用空间而不是在旁边道散步。

该街区作为一个整体是最多的儿童和行人加强和恢复活力的公共领域一个令人耳目一新的新战略。当地居民被要求在政治上查询议定并制定新的指导方针，并也参与了建筑师的选择。

目标措施

Carve 建议完全关闭一个街道的汽车通行以便于重新提供街道空间给公民使用。之前重新利用的街道和停车场是交给 Carve 设计

的，占地 1500 平方米。该网站的功能程序，从交通和停车变成现在会见和停歇的地方，儿童游乐场，绿色质量和整体的升级，积极的市区灯塔小区这样一个城市规划。

调停

Carve 的调停是首先重新考虑将街道变成一游戏街道，只能供自行车和行人通行。去除所有的表面材料，但保留现有的树木，并种植一些新的。在间隙，Carve 设计了一个拥有游戏对象的大的风景区，是用抽象的黑色橡胶制成的。该游戏对象从互动元素到水喷雾器而异。橡胶可以作为它的表面，由于很软，跳、跑、跌倒都很轻，同时可以降低噪音水平。

然而，这种设计的真正好处不是在第一次见到就显而易见的。这不仅仅是其社区对地方城市境界的取料。父母和没有子女的公民在木椅和附近的小亭子里互动、放松。这里成为了邻里互动和互锁的一个地方，周围的街区帮助不同背景和年龄的人聚集在一起。

最终评估

然而，参与被视为与所有利益相关者积极参与的过程，这不是在这种特殊情况下的情况。参与的过程更突出的特点是冲突而不是由合作。一个有目的需求的市政厅的冲突，通过对楼宇所有住户书面调查，70%的人应同意这项计划，居民的冲突是他们不想他们广受好评的停车场被移到角落，一个新的政治治理转型计划已经被居民和前政府同意。位于街道的零售商的冲突，这个小项目的财务耦合是一个更大的计划。缺乏不同的城市部门和项目的一般延迟之间

的合作。

所有这些冲突导致了那里的社会结合实际上在计划实现之前已经成立，因为居民们的毅力。因此，这种公共领域的成功的基础是这个设计的一个副产物。然而，主要的吸引力则是一个令人兴奋的，独特的操场，它成功地吸引了大部分的当地人，帮助居委会排除其匿名性邻居聊天。

居民在这里组织如小型户外晚餐和饮料。每当天气允许，人们可以看到孩子和成人在这条街上玩耍。新种植的树木和已经存在的树木增加了这个空间的愉悦性。然而，措施并不仅仅是观赏这愉人的绿色，而是一个城市鲜活的参与项目的实施：一个城市的舞台。

RESTAURANT
PIZZERIA

北京万科紫台项目景观设计

Beijing Vanke Purple Project Landscape Design

项 目 名 称：北京万科紫台项目景观设计
项 目 地 址：北京
项 目 面 积：38,484 平方米
设 计 单 位：中国建筑设计研究院环艺院景观所
设　计　师：李存东，史丽秀，路媛，李磊，朱燕辉，王可，管婕娅

设计定位

北京万科紫台项目位于北京西南四五环之间，永定路与梅市口路的交汇处，基地呈长方形，地势平坦。 由于紫台项目所处的位置属于西长安街的沿线，如何将长安街的气质得以体现，使皇城的气质在途经此处的人们有所感知，并区别于周边居住环境是设计的重点。于是我们将景观设计的风格定格到追寻皇城的文化，追求皇城内艺术氛围，在居住中营造远离城市喧嚣、自然舒缓的景观环境。

设计理念——古韵新作 + 重塑自然 + 艺术化 = 创造一种新的生活方式

紫台项目在景观设计尊重自然尊重文脉的原则上，主动创造了崭新的生活方式、崭新的生活空间。同万科地产一直推崇的“推销一种新的生活方式”契合在一起。

将历史文化的点睛之笔融入到一个崭新的社区使之有别于其他，意义在于：

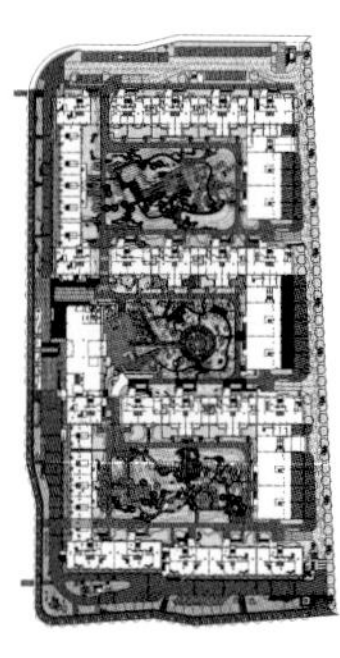

• 它们赋予了紫台项目与众不同的“历史与文化”的内涵。

• 使社区不论外部还是内部都具有强烈的可识别性和心理归属感。

• 使项目整体的设计更富有逻辑性和人文色彩。

更为重要的是它表明了我们的一种态度：

古韵新作　并不是照搬中国传统造园的某一景观场所，而是叠加上现代的景观设计理念，将传统造园的气韵保留在环境的每一个角落，充分考虑对景、框景、近看、远眺等多层次的空间视线组织，步移景移，在视线的开、闭、转、合等方面进行精心打造，唯美不奢华，含蓄不张扬，精致不造作，亲切质朴的人性化特征。

重塑自然　回归自然并不意味着重现自然的原生态，因为在自然的生态中，任何事物自生自灭，并不符合人的居住习惯，将自然带给人的放松感受融入到居住空间里才是紫台所要追求的景观理念，通过景观设计提供精心提炼的自然场景，浸润生活痕迹，人们在这里感到前所未有的放松亲切，才是设计的目的。

艺术化　营造艺术氛围，体现皇城的气质，标识出紫台特有的领域感和归属感，提升住宅品位。

设计特色——国学 7 个科目的引入

万科紫台居住区景观设计引入中国传统文化流传至今的国学概念，将国学的教学科目：礼、乐、律、射、御、书、数。这 7 项教学科目的内容用景观语言体现在园区之中。

设计中将 7 项教学科目引申发展，结合景观设计的语言将国学特色创意引申为皇家权贵、文、武。皇家权贵由国学中的礼、乐、

律来体现；文由国学中书、数来体现；武由国学中的射、御来体现。

基于万科紫台居住区中建筑围合成的相对封闭的 3 个院落，考虑到 3 个院落的实际使用功能，中间示范区院落的展示作用，于是在景观处理中侧重点不同，中心示范区的定位侧重展示和礼仪的作用，故在整个示范区体现出皇家权贵的气派，所以将国学科目中的礼、乐、律柔化到景观设计之中，会所东西两侧的广场体现了皇家的礼仪性，由丹陛御道导引业主进入会所，此御道形式一直贯穿示范区的东西向两个主要广场。示范区内的圆形广场有一道红墙收景，红墙取天坛围墙的基本形式，再加上现代语言，红墙和五棵巨大的国槐围合圆形广场的空间，使场所既具有礼仪性，又有生活的气息，使居住其中的人们有了休闲娱乐的空间。圆形广场周围四个小场所的主题取自中国传统龙的演变，从红山文化龙的雏形开始，明清龙的纹样结束，4 个小场所各具特色。

南北一文一武两个院落更侧重生活化的气氛，南院定位文院，将国学中书、数引入其中，院中的砚池体现文人雅客的清雅气质，曲水流觞也是传统造园的精彩手笔，园中辅以诗词歌赋的雕刻，使人置身于都市喧嚣之外的清新雅致的休闲场所。北院定位为武院，将国学科目中射、御柔和在造园之中，古代车辙的历史痕迹留于地面，车马的一些雕塑伫立在场所之中，射、御的反映使场所更加活泼趣味。

北京香山 81 号院

New Poetic Mountain Habitat: The Fragrant Hill 81 Yard, Beijing

项 目 名 称：北京香山 81 号院
项 目 地 址：北京香山
景 观 设 计：北京清华城市规划设计研究院景观学 vs 设计学研究中心
设　计　师：朱育帆

该设计在对场地文脉积极回应的基础上阐述了传统中国的理想居住方式。细节体现了与延续传统一致的宁静氛围，展示了设计的简明与优雅。对于当地材料和乡土植物的应用保留了场地的特色，回应了地方性。它给这样的问题提供了一个很好的答案：如何融合建筑、景观和文化为一体，来满足现代语境下的新需求这一终极目标。

该项目是一个为40户联排住宅的房地产项目所作的景观设计，占地 2.7 公顷，位于北京的五环路上的该基地比邻香山和玉泉山，拥有极佳的设计潜质。

作为一个力求重新表述中国传统山居理想，同时满足现代人需求的居住型景观设计，设计师综合考虑了建筑、景观和自然要素。设计序列由 3 个空间组成，其中入口直接通向最上层台地，进入整个场地。入口由毛石高墙加以杨树强调，为社区提供围合感。同时，墙体的粗糙质感同精致的入口大门也构成了有趣的对比。由浅水静

湖“一潭天”主导的台地构成了设计的核心。湖面的三角形状展示了设计师如何以优雅有效的方式综合铺地、植物和坡度以塑造宜人的空间。尽管场地大小有限，但是“一潭天”却通过水面的反射效果消除了可能的局促感。由老树海棠框景，因借香山和玉泉山的视廊优势，这层台地同时提供了面向两山的全景视野。位于湖面一侧的“引泉间”体现了设计不同部分之间相承的一致性。利用现有的坡度，它被设计成为对于统一要素——水的另外一种表达，溢流池。在“一潭天”和“引泉间”之间植以修竹，隔绝出两个不同的空间，同时在静与动之间对话。这3个部分：竹林，“一潭天”，“引泉间”都融合为统一和谐的整体。低层的台地由配以香花的内凹休憩场所和方形反射水池组成，水池南端放置一面镜子以将视线引向无限，创造静谧冥想的氛围。

项目特色

在场地固有条件的前提下，设计师对于宁静、简明、以及更重要的，对于理想山居的现代表达的追求根植于西方景观设计传统以及中国文化之中。从场地文脉的敏感回应到乡土植物的选择，无一不体现了这种融合的努力。通过对于中国传统山居理想的重新表述，设计展示了内在的统一与和谐能在何种程度上激起共鸣。

如何在社区成员中创造认同感是设计师的主要考量之一。但是在这个目标和场地经过每家每户院子的层层分割后空间所剩无几的现实之间却似有矛盾。通过中心水池、“一潭天”的主导方案，设计成功地回避了丧失居民联合感的可能性。对于中心的强调以及建

筑和景观之间的紧密连接，一直延续到场地的南边，以加大景深的"引泉间"末放置的镜子收束。

联排住宅的草原式风格，尽管来自于东方传统，与中国古典园林设计也很难和谐共存。为了获得中国文化内在延续性，用现代手法重新展示传统形式并且探索材料方面新的可能是一条远优于照搬历史的出路。通过依坡设置灰色毛石墙，设计带有明显的北京山村的特点；加以现代景观设计方案的统筹，设计展示出显而易见的整体性。

合肥绿地国际花都
Hefei Greenland International Flowers

项目名称：合肥绿地国际花都
项目地址：安徽合肥
景观设计：上海易亚源境景观设计咨询有限公司
摄　　影：陈峰，俞昌斌

本项目位于中国安徽省合肥市政务新区的中心地段，紧邻刚刚搬迁至此地的合肥市政府办公楼和新区的中心绿地——“天鹅湖”公园，这是一个很适合居住生活的环境。在这样一个经济中等、人口众多、历史悠久、环境优美的城市里，如何更好地用景观语言来解决城市高密度的居住问题？本项目就是采用“低技 Low-tech”的景观策略来营造中国传统的画境，将私人独享的“江南园林”变成了居住区里的公共花园。本项目是中国中等城市建造现代高密度居住区景观的典范。

为什么我们要采用“低技 Low-tech” 的景观策略来营造这个项目的景观呢？原因如下：第一，因为本项目所在的合肥市是安徽省的省会城市，其经济发展处于中国的中等水平，2007 年合肥城镇居民的年均可支配收入为人民币 13,426．47 元（折合美元约为 $ 1,918），位居中国 36 个主要城市的第 22 位。本项目的景观工程造价控制在每平方米人民币约 200 元（折合美元约为 $ 30），

总造价不得超过人民币 800 万元（折合美元约为 110 万）。由于业主对景观工程的造价控制得很低，就要求我们在设计上要节约成本，因此我们根本不可能用钢结构、玻璃等“高技 High-tech”的技术和材料，只能用“低技 Low-tech” 的景观策略；第二，合肥市共有约 445 万人口，每年有大量人口急需购房居住。本小区居住有 736 户，近 3,000 人，我们设计的景观面积为 4 公顷，因此折合到每个居民的景观使用面积约为 13 平方米。这要求我们用有限的景观资源来服务大量的居民，必须考虑低成本、低技术和低维护的景观设计。

那么，我们如何用“低技 Low-tech” 的景观策略来营造这个项目的景观呢？因为中国著名的“江南园林”是私人独享的，而我们要创造一个高密度居住区里的公共花园，因此我们找到了一幅著名的中国山水画“富春山居图”，希望融合基地中的水塘，让我们的景观形成一幅新的山水画境。

水景的画境营造。由于本项目的现状条件是基地内原有大面积的水塘，并和周边的河道相连通。因此，我们为了保护整个周边河道的生态系统不受破坏，我们保留了小区中心的水塘。我们不使用成本高昂的水处理和水循环设备，而是采用了在中国流传千年的传统工艺方法，这就是低技的景观策略。我们对水塘的形状按照中国传统的做法加以改造，形成北大南小、蜿蜒曲折的形状，并有一定的高差形成跌落溪流，这样易于水体的自然流动和沉淀过滤。我们用中国传统的叠石技法来设计驳岸，这些石头都是选自合肥本地的

河卵石，大小不一、错落有致，并在石头的缝隙中种植适当的灌木和花卉，同时在岸边种植乡土植物如垂柳等以及水畔灌木、地被等来保护驳岸，并柔化驳岸的生硬感。我们不使用化学药剂，而是在水中种植乡土的水生植物，放养当地的鱼类来净化水质。通过上述一系列的低技策略，我们把它建设成为一个乡土的、生态的水景，充满了中国画的意境。

植物的画境营造。本项目为了考虑低技策略，所选用的植物都是小规格的乡土树种。经过约 3 年的生长和养护，这些植物已经形成疏密有致、绿意葱茏的效果。特别是围绕在水边的植物，通过乔木、灌木、花卉、地被和草坪不同层次的组合，表现出高低错落的树形、色彩斑斓的树叶以及馥郁芬芳的花香，将中国传统园林四季变化的诗情画意很好地表现了出来。乡土植物的应用也暗示了中国的中部城市景观特征。而且，本小区大量的绿化也成为当地鸟类和其他野生动物适宜的栖息地，形成人与自然和谐共处的好环境，也就是中国古人所谓的“天人合一”。

地形的画境营造。为了隐喻中国画“山”的效果，我们设计了丰富的地形。局部地形我们堆到 2.8 米高，这样形成丰富的山丘的感受。人行走在里面，通过地形的高低错落，看到不同的植物变化，也会兴趣盎然，充满了“无意间发现美景”的快乐。而且，堆地形所使用的土方量正好就是造水景局部挖出的土方量，由于土方平衡，所以没有很大的成本开销，也符合低技的景观策略。

建筑材料的画境营造。我们在石材铺装地面上，选用本地花岗

岩石材，黄色石材碎拼、黑色石材镶边，形成现代明快的效果，用本地的青石板作为汀步材料，节约成本，又古朴有趣。我们在木材的使用上十分谨慎，用在最重要的景观节点上，如一个主要用来对景的木桥、两个木亭和若干个木制长椅，都符合中国规范，并取自合肥本地的木材。这样，用低成本、低维护的材料保证了景观生态、乡土的效果。

绿地集团作为本项目的客户，严格控制了景观工程的造价，并指导并支持设计师完成了整个设计构思。在施工过程中，我们与客户和建筑设计公司共同讨论，克服了一些现场的技术问题。同时，景观的施工单位用中国传统的工艺和优异的施工质量，圆满高效地完成了本次工程，达到了我们预想的景观效果。

总之，本项目不仅是中国中等城市建造现代高密度居住区景观的样板，也对许多发展中国家的居住建设有着重大的社会意义，总结起来就是一句话："用最少的钱办最多的事！"

上海绿城
Shanghai Greentown

项 目 名 称：上海绿城
项 目 地 址：上海
项 目 面 积：190,000 平方米
景 观 设 计：澳大利亚普利斯设计集团股份有限公司

上海绿城是一个占地约 19 公顷的大型高层住宅社区。小区内高层建筑物掩映在优美的景观和大面积绿化中。这个项目的景观设计目标就是要营造大城市中人口居住最密集的住宅区坐落在公园里的氛围。

对于设计师来说，这个项目的设计目标即是一种挑战：需要将不同的元素合并在一起，为居民提供多种选择，从主动到被动、从娱乐到静思，都在一个有机的景观空间里。

整个项目包含 4 个主要区域：

中央轴线——小区的中轴被设计成一条景观大道，其中的一段在主入口区域成为人行、车行共享的道路。景观大道还融入了规整式植栽、焦点构筑物（穹顶）以及特色水景等元素。

森林环道——中央轴线末端设计了一条围绕会所区域并种植高大树木的环形道路，它创造了一个遮荫的散步空间，同时提供了从中央轴线分散到各住宅组团的连接通道。

会所区域——包含一个户外成人游泳池，一个儿童嬉水池以及日光浴休闲区域。附近有两座网球场，所有与会所有关的设施均被安排在会所周围。设计师刻意对泳池区域进行了下沉式处理，使之与周边景观标高形成巨大的反差，这样既增强了泳池区域的私密性，同时又赋予了景观地形的立体趣味性。

住宅组团——众多小空间都被整合在“庭院”区域里，包含休闲座椅、藤架、水景以及隐藏在茂盛植栽中的儿童游戏场。

van Beuningenplein 社区

van Beuningenplein

项目名称：van Beuningenplein 社区
项目地址：荷兰 阿姆斯特丹
项目面积：9,500 平方米

停放的汽车在物理上和功能上占公共空间的主导地位。为此Amsterdam 已决定在 van Beuningenplein 现有的操场上兴建一个地下停车场。在新的停车场的顶部，之前的游戏区和运动区，不得不被撤掉。

在之前，van Beuningenplein 被汽车、栅栏和仅存的绿色植被隐藏。通过消除汽车和其他障碍物周围的房屋的外墙连接到广场，使广场再次成为邻里的一部分。

沿外墙，篱笆放在重要位置，留下空间为了居民行动，例如长凳或外墙花园。私人和公共之间的界限已变得不那么死板，一个丰富多彩、生动活泼的护墙板产生了。多年生植物的绿色边界不受周围环境影响，框定了广场的中央部分。

中央部分被设计为运动和游戏的场所。在运动领域也有一个水景空间使得在冬季溜冰成为可能。通过在凹陷的运动空间的边缘放置一些特殊元素，一个可滑冰的边缘已建立。玩耍场地是一个有不

同的游戏塔的大的波状表面，有为所有年龄层提供的玩耍元素和夏季水上游乐场。

体育和娱乐功能被青年中心，停车场的进出口，为游乐场经理建设的一个小楼，一个公共茶馆所扩充。混合这些所有的功能可以让不同的人群，不同年龄段的人走到一起。整个广场为邻里的社会凝聚力起了重要作用，因此它不仅仅是一个游乐场。

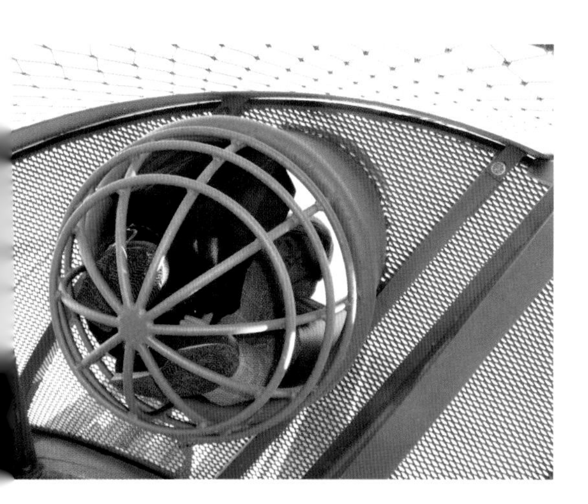

Aitz Toki 别墅

Villa Aitz Toki(Donostia)

项 目 名 称：Aitz Toki 别墅
项 目 地 址：西班牙 圣塞瓦斯蒂安
项 目 面 积：13,500 平方米
设 计 公 司：Paisajsitak LUR，SL
设 计 师：LUR Paisajistak S.L

在北区，我们仅建造了一座游泳池，配有一个大型平台，可以饱览美不胜收的海景。

南区是通往宅院的路口，我们设计了一个简洁而不失美丽的花园，是另一个吸引眼球的景致，并与北区相得益彰。为了实现此设计目的，我们选择了简洁的线条，并采用了符合整个设计风格的耐候钢。

为了与邻近的宅邸留有距离，我们设计了挡土墙，表层为耐候钢。地面有一个线型水池，材质也是是耐候钢的。

从挡土墙望去，可见一个种植园，里面栽种着各种各样的植物，其景与北区令人叹为观止的海景相映成趣。

观岭国际社区
International Community Grand View Ridge Hill

项 目 名 称：观岭国际社区
项 目 地 址：四川成都
设 计 公 司：ECOLAND 易兰规划设计事务所

观岭国际社区位于东方威尼斯——金堂新城区，南临唐巴公路，北临水景资源丰富的中河，并有十里大道连接金唐城区，享有金堂城区成熟配套。

ECOLAND 易兰设计团队极为严格地遵循原生地貌结构，将一切设计融入自然，只为更大可能地拥有天然纯粹的景观与视野。4,200 亩的原生山水，1,200 亩天然浅丘果岭，10 座高尔夫球道，无数高低错落的绿色山丘，十余个翡翠般温润的湖泊打造了观岭国际社区山水原生、丘陵起伏、河湖浸润、四季成荫的特点。

无锡九龙仓古运河项目

Ancient Canal Wharf Project In Wuxi 72

项目名称：无锡九龙仓古运河项目
项目地址：江苏无锡
项目面积：118,577 平方米
设计公司：加拿大奥雅景观规划设计事务所

基本解决策略：此地块属住宅用地，需提供更安静的居住环境，所以在地块外围加以绿化隔离带，用以屏蔽噪音干扰形成整个地块的围合，明确强化小区各入口，使交通更加明晰。

根据场地本身的特征，宅间绿地相对狭窄，可拓展和发散的可能性较小，形成开敞的整体组团绿地会受到诸多限制从而影响最终效果的表达，因此在如何充分、最大化地使用有限的宅间绿地，是创造居住区组团景观的关键。针对这些现场条件的分析，我们提出"绿色盒子"的理念，把相对狭窄的宅间绿地分割成属于每户人家的"绿色盒子"，通过植物和景观构筑物的围合，形成室外生活空间，使绿地得到最大程度的功能拓展和美感发掘。同时通过植物和构筑物的设计，形成更富人性化的生态景观环境，如点缀大树形成绿阴，夏日为人遮阴；在日照时间较长的区域尽可能多地让阳光照射，冬日可供人晒太阳；尽可能少地使用硬质铺装，以吸收高温和渗透雨水；疏朗的种植以便春夏季通风，紧密的围合以减小北风来袭等等。

潮华雅居
Chao Hua Ya Ju

项 目 名 称 : 潮华雅居
项 目 地 址 : 广东汕头

潮华雅居定位为高档住宅小区，面对的是中高收入者。整个小区规划主题是打造一个充满潮情、潮韵、潮味具有浓郁地域性景观寺色的现代住宅小区，面对市场上流行了多年的“欧陆风格”和“现弋风格”的小区规划模式，潮华雅居的规划不能不说是当今房地产市场的一大亮点。它突破性地依托潮汕民居文化精髓为核心，吸纳专统潮汕民居、潮式园林建筑精华和家居文化内涵，突出潮味潮韵朝情，精心营造传统潮居文化和现代时尚居庭完美结合的文化型现弋社区。小区的建成得到社会各界的一致好评。

潮华雅居规划设计特点是“以人为本”的规划理念。人的需求是各种各样的，“以人为本”的规划理念就是把广大住户作为第一服务对象，满足他们的需求和愿望，创造出他们需要的空间和环境。潮华雅居由南北两个区组成。设有会所、开放式健身区、休憩区，每一位住户都可以在这里找到适合自己的休闲场所。各个区域与独特的景观步行道相连，从而使这些区域各成一体又相互联系。合理的景观分区和景观多样性给人们的活动提供方便，满足不同人群的需要。

注意安全
请勿戏水

东莞长城世家

Dongguan Great Wall Aristocratic Family

项 目 名 称：东莞长城世家
项 目 地 址：广东东莞
项 目 面 积：124,627 平方米
景 观 设 计：SED 新西林景观国际

在东莞长城世家，体验澳洲风情

东莞长城世家位于东莞松山湖松山湖科技产业园“中心区”，东南面可看碧波荡漾的松山湖，景观条件优越。整个地块呈类椭圆形， 三分而立， 有两个地块地势起伏较大，另一地块地势相对较平坦。高低错落的地形，为我们创造丰富的空间形态创造了有利的条件。

SED 新西林景观国际以澳洲风情为蓝本，采用现代自然主义设计的手法，着力于“澳洲”、“健康”两个主题的塑造，充分体现澳洲生活的舒适宜人的主题精髓，景观与场所活动有机地结合，创造了一个集休闲、旅游、度假为一体的酒店式景观住宅小区。从建立和谐的人与自然环境的关系入手，以澳大利亚的悉尼、堪培拉、墨尔本 3 个城市的特色来诠释项目的 3 个地块，最北面是现代悉尼景观组团，入口及泳池部分是以“大洋洲的花园”为名的堪培拉景观组团，最南面是温馨且悠闲的墨尔本景观组团。

城世家
长城世家　隆重入伙

兰乔圣菲高尚居住区

Rancho Santa Fe Noble Landscape Design In Residential Area

项 目 名 称：兰乔圣菲高尚居住区
项 目 地 址：广东佛山
项 目 面 积：130,000 平方米
设　计　师：黄剑锋，李昆

低坡屋顶下，那种平和淡泊的心境氛围，只有真正的名士巨贾才能心领神会、视为知己。由南加州 Rancho Santa Fe 建筑风格演绎而来的兰乔圣菲别墅，不像古典式豪宅那样复杂与张扬，没有任何刻意与炫耀的形式，唯有质朴纯粹、充满手工与时间痕迹的建筑语汇，仿佛在平静中述说一段悠长久远的历史，一个意味深长的传奇、一种阅尽辉煌的人生。

兰乔圣菲，得名于美国最富有的小镇 Rancho Santa Fe，Rancho Santa Fe 位于南加州镇圣迭戈北部，拥有 500 余年贵族传统，原是西班牙属殖民地小镇。佛山兰乔圣菲住宅区项目位于广东省佛山市顺德新城区，总占地约 13 万平方米，是以联排别墅（Town House）和高层住宅为主的综合居住区。建筑风格取向有意打造西班牙小镇式居住氛围。环境景观设计营造出一种阳光灿烂、既雍容古典又不失自然亲切之美的风情小镇风格。它代表了一种阳光、悠扬、亲近自然的小镇生活方式。

小镇住宅主要是由公共建筑区域（包括会所和社区幼儿园），Town House 住宅区域，有底层商业的高层住宅区域，有架空层的高层住宅区域几部分构成。针对每部分的建筑特点和功能，在景观设计上，进行了有所侧重的详细考量。

功能先行的道路设计

社区双向行车道路 5.5 米，由主要景观轴线道路和社区外环构成，轴线景观道路将设计重心放在道路的绿化层次设计上，形成绿意盎然的林阴大道（大叶榄仁构成行道树）。结合道路两边适度的活动区域，不失时机地穿插以点状的水景元素，联系整个景观道路的线索水体穿插其间更好地活跃了社区气氛。

社区居民大多配备了私家车，而宁静、缓慢的步行空间是小镇惬意生活的保证。因此，Town House 区域设计单行车道 3.5 米，别墅区道路根据居所的疏密度分布适应街区生活，既避免了过宽的尺度所产生的步行者的疏离感，又可以让车主放慢速度，体验归家路上的风景。

放缓的速度，让车内行驶的人与车外步行的人形成了一种交流悠扬的小镇生活，也许就是从清晨的一声招呼开始的。

动静相宜的会所生活

小镇会所是西班牙式建筑，建筑外立面色彩明快，采用质朴温暖的色彩，充满了阳光的地中海味道。以社区会所为背景的中心水景区域，是景观设计的重点。

对称的种植形式（大王椰子、凤凰木）将人们的视线引导到中心水景区域。这个区域里热情奔放的地面铺装颜色，热力动感的喷水景观与自然而浓密的油棕结合在一起，相映成趣。共同构筑了西班牙式的主入口景观。

在景观构思上，从以下几个方面考虑：

从竖向空间上，中心水景区域略低于周边道路标高，在层次丰富植物的围合掩映下形成了一个闭合的水边亲水、漫步环线。漫步其间可以观景、亲水、闻花香、听鸟语，一派自然景致享受。

水景两侧以植物围合，只打开会所与主入口轴线方向的视线，并在这条轴线上适度的设置亲水平台、喷水雕塑景观、特色景墙等，很好地营造了会所的景观气氛。

喷水雕塑作为水景的中心。一方面，具有西班牙风情的雕塑能更好地烘托楼盘风格、主题；另一方面，美学上讲求"有破才有立"，雕塑从竖向空间上适当破掉建筑会所产生的大体量感，以环境结合建筑，重新组合了景观立面的竖向关系。

水面分为两个部分，外环为有铺装的浅水面（200 毫米）。把水放走后亦可形成环状闭合的场地；内环为以暗色卵石为池底肌理的水面（300~400 毫米）。水体较外环深，围绕池壁的一组圆形树池将水体内环、外环自然地联结起来，起到空间上启承转合的微妙作用。

炎炎夏日，双层水面带来惬意凉爽的微气候小环境；冬日煦阳，放空了水面的场地，可以成为居民活动、晒太阳的理想广场。

周边环行道路：环绕中心水景的绿化带，分隔车行道与人行道的绿化带，以及人行环道以外的场地绿化共同构筑了中心水景区绿化体系——绿意盎然的绿色通道。人行走在树影班驳之倍感清爽、惬意。

观者由主入口进入行至水景区便可影影绰绰地看到远处的风情会所，但一切在自然景致中若隐若现，待您走近才能看清其庐山真面目。经过中心水景进入到会所区域西班牙欧式建筑迎入眼帘。会所前的几棵银海枣的点缀使得会所更具朝气和活力。夜晚，华灯初上。会所的灯火通明更使得植物呈现剪影效果，成为进入会所前的另一道风景线。

地中海式的露天泳池：从会所的二楼露台俯瞰，一片蔚蓝的露天泳池，阳伞、躺椅、摇曳的热带棕榈，穿比基尼的妙龄女子，让你忍不住想去加入，拥抱这碧海蓝天。会所泳池由成人泳池、儿童嬉水池、按摩池等构成，特色景桥形成巧妙分割，又增添了趣味性。西班牙式构件、陶罐、黏土砖和卵石的原生材料，质朴厚重的廊柱、奢华的布幔，仿旧铁艺装饰门……呈现出执意纯粹的西班牙风情。

放飞梦想的阳光草坪：社区西南角是一块亲近自然的阳光草坪，圆形廊架， 绿地、景观树，适宜周末开展社区活动、打羽毛球、放风筝，享受阳光。

联排别墅：联排别墅每户庭院都有两个庭院，迎宾庭院和家庭庭院，迎宾庭院突出了客人的气氛，院门为仿旧铁艺门，家庭庭院则体现了家人交流空间的特点，同时有一定的私密性。双重院落分隔出与众不同的生活空间，这样的设计对于过客是美景的享受，对于家人则是舒适的生活空间。有阳光、鲜花的陪衬，把前后园的景观考虑很周全，通过庭院与道路及植物、小品的结合营造出四季有景的生活氛围。

庭院围墙墙角抹圆，圆角厚墙给人安全柔和的感觉，提高了居住的舒适度。值得一提的是，为了丰富步行者的视觉体验，设计师把每户迎宾庭院退出了一块区域做种植设计，形成序列变化的景观观感。

高层区域：高层架空层景观区域既增加了住户的户外活动空间（安置儿童游戏架、成人健身器材等），又使景观视线通透。将不同的住户单元用连廊串联起来，也是从安全角度的考量，既能有效防范高空抛物的危险，又能很好地满足高层住户的户外活动需求。

细节体现生活品质

纯粹的才是永恒的，好的景观作品，需要精致的细节来体现。

铺装：在入口地面，回纹图案的使用，深浅两色的陶砖，构成了鲜明的西班牙符号。宅间小面积铺装，采用了马赛克彩色瓷片镶拼的形式，也是西班牙符号的应用。

景墙：社区景墙采用了暗红色陶砖压顶，黄木纹板岩和卵石构成景墙，形成西班牙建筑构件。

花池、树池：马赛克彩色瓷片应用到花池、树池的腰线，丰富了景观小品的细节。

西班牙风情的植物设计

兰乔圣菲住宅区植物设计属西班牙风情园，植物种类丰富，层次分明，主要以具西班牙特色的棕榈植物为主，配以开花或常绿的热带乔木，如加拿利海枣、霸王棕、银海枣、大王椰子、凤凰木、大叶榄仁、细叶榕等植物，在栽植形式上采用几何式与自然式相结合的原则，让人不论身在何处都能呼吸到新鲜的空气，欣赏到优美现代的风景，在现代化建筑物之间营造极具西班牙摩尔式风格的园林景观，体验悠然的西班牙小镇生活。针对不同区域，在植物设计上也是各具特色。

入口及会所：选用高大通透的棕榈科植物。如蒲葵、银海枣、大王椰子、红刺露兜、旅人蕉等，营造尊贵高雅的休闲空间。

滨水岸线：为满足亲水性，植物设计上选择了亲水树种，如水石榕、银海枣、鸡蛋花、水葱、荷花等，用植物来营造滨水景观。

高层架空层：利用绿化来软化建筑边角，同时营造休闲空间的趣味性。植物选择喜荫的常绿或开花灌木和地被植物。如天堂鸟、散尾葵、棕竹、紫背竹芋、阔叶麦冬等。

道路宅间：行道树选择高大、树冠开阔、浓密的常绿开花树种。如秋枫、凤凰木、青皮木棉等。宅间通过植物设计营造安静、舒适的步行休闲空间，树种选择满足隔音性、观赏性等功能，选择浓密、常绿、开花、芳香的植物，如芒果、荔枝、海南蒲桃、白玉兰、桂花等。种植以自然形式为主。

景观改变生活

居住区景观设计的目的就是通过确定一个社区的活动与目标的总体空间布局，使其具有吸引力并使人感到赏心悦目。

在佛山万科兰乔圣菲居住区景观设计中，首先，在吸引力上，

设计师以研究居民的日常行为和生活体验为第一要务。从入口人车分流的管理，道路尺度的控制；到会所前广场的开放空间，泳池的各项使用；再到活动场地的安排，高层架空层的使用，始终坚持着功能优先的原则，以促进住户的交往活动。

另一方面，设计师也在坚持着景观的美学追求，从概念到细节，从材料到色彩，努力体现着西班牙式的纯粹风格。纯粹的才是永恒的，环境景观的品质提升了使用者的美感、舒适度，也就在潜移默化间改变和影响着居民的生活。

黄昏时刻，落日的余辉在林荫路上泛着金黄的光，再狂野的心也会随之安静下来。车子走在上面会有沙沙的声响，提醒你到家了。后庭的南面以手工打磨过的花岗石、板岩等天然石材拼就，供你闲暇之余赤脚与之厮磨。屋檐下搁着石臼与粗瓷坛，仿佛在静静等待着雨水滴落，追忆似水的年华。红色陶瓦的手工艺术、微妙的色彩变化、时间纹理与粗犷视觉，再现久违的心灵震憾。每一块墙面毛石的凹凸处理、每一件铁艺制品的接点处理，都找不到两个相同的细节，而且精心承袭了时间、手工与个体的痕迹。如此极致纯粹的原味精神，一定让你叹为观止、玩味一生。

景观改变生活，景观重现了南加州的惬意小镇生活！

滨江 · 爱丁堡二期

Phase II, Edinburgh

项 目 名 称：滨江 • 爱丁堡二期
项 目 地 址：江西赣州市章江北大道东段
项 目 面 积：70,228 平方米
设 计 公 司：广州市太合景观设计有限公司

赣州“滨江·爱丁堡二期”住宅小区位于江西省赣州市滨江大道东段，西侧为蓝波湾住宅小区，东、北区为关刀坪住宅小区。

建筑设计为现代式东南亚风格，小区景观要创造出良好的东南亚风情园林，营造浪漫、舒适、充满异国风情的氛围。

基于对小区基础条件的优劣势分析，小区整体园路采用曲线式内环路设计。区内主要设置有跌水景观溪流、特色儿童游乐场、观景平台、休闲康体设施、篮球场等。中心景观水景区部分设计跌水景观溪流和水景阳光平台。水景设计顺应其地势变化，布置观景亭、溪流、木桥、趣味雕塑等，乔木、灌木、花、草的合理种植，组成远近分明、疏密有致的自然式流水景观画面。入口景观区有着丰富的高差变化，入口两旁的树阵、花基，丰富而富有层次感。儿童乐园区布置有特色而充满序列感的树阵、汀步、石条座凳和趣味性极强的景墙。全民健身区采用绿树林荫丛林式的种植方式，3 个不同大小的圆形健身区和人性化的环形树阵，为居住者提供了舒适的环境。

广州时代玫瑰园
公共交流空间系统及景观

Public Activity Space System and Landscape, Guangzhou TimeroseGarden

项 目 名 称：广州时代玫瑰园公共交流空间系统及景观
项 目 地 址：广州
项 目 面 积：
基地面积 22,800 平方米
改建建筑面积 1,660 平方米
景 观 设 计：家琨建筑工作室
设 计 师：刘家琨

为了在社区中设置足够的公共文化交流空间，广州时代玫瑰园邀请家琨建筑工作室设计公共文化交流空间系统及景观。家琨建筑工作室的设计试图在中国当下封闭的小区制度和城市公共空间之间建立一种新型的互动关系：设置一条架空步行桥从第三期组团内院上空立交而过，连接起：A. 由库哈斯设计的时代美术分馆。B. 位于组团中心，由家琨建筑工作室根据原旧房改建而成的交流中心。C. 与第三期组团隔街相望的现有展厅。架空步行桥形成一条打破了小区封闭性的公众小路，使 A.B.C 3 处空间组成为一个穿越小区的完整公共空间系统。

景观设计主要包括：

• 环保节约型水景区 跌落状湿地水塘水源通过收集雨水取得，逐次跌落，层层过滤，使雨水成为清水，成本低廉，可以保证水景系统的良好运行。

• 基础设施景观区 以埋于地下的污水处理站、平台、基础、阶梯、坡道、管道、沙坑、土层构成，暴露出常常被人为掩蔽的认知内容，是一组在茂密竹阵中穿插跌落的迷宫式景观。

• 花卉养植景观区 七片小花园，可供业主选择养植区域，促进居民的交流。

• 硬地户外活动区 设置红色混凝土折板式舞台，并利用坡地作为看台，形成表演场地，为小区居民提供一般发展商常常回避或忽略的集会活动场所。

运河岸上的院子

Shore of The Canal Yard

项 目 名 称：运河岸上的院子
项 目 地 址：北京通州区
项 目 面 积：32,000 平方米
景 观 设 计：房木生景观设计（北京）有限公司，北京非常建筑设计研究所
设　计　师：房木生

执着于“房、木同生”的景观设计理想，建筑学背景出身的景观设计师与建筑师紧密合作，在北京通州运河岸上为中国房地产呈上了这份建筑与景观浑然一体的地产作品。

首先，景观设计师在建筑师规划的道路上，进行了小到 10 毫米之内的土地空间的推敲与分配。将三级道路两边都设计了至少 4 个层次的植物景观：大乔木层次、小乔木（灌木）层次、地被花卉层次和私家庭院乔木层次。

其次，在一些关键的对景节点上进行了深入设计。比如，设计师定义了一些以材料命名的空间节点：“竹——入口”、“石——坐立”、“瓦——涟漪”等等，也出现了一些比较趣味的空间。

再次，景观设计师将精力放在了水体河道的设计经营上。设计师设计了一个取名为“取景器”的构筑物。“取景器”全部由一种混凝土砌块构成，形如老式相机，探入水中，取东西向水系深处的“景”。

景观设计，归根到底还是空间的设计。在本工程中，景观设计师充分考虑了建筑与人、室内与室外、休闲与活动等等不同的空间体验，精心而有节制地运用手中有限的材料，为我们呈上了一份朴素而又意境隽永的景观艺术作品。

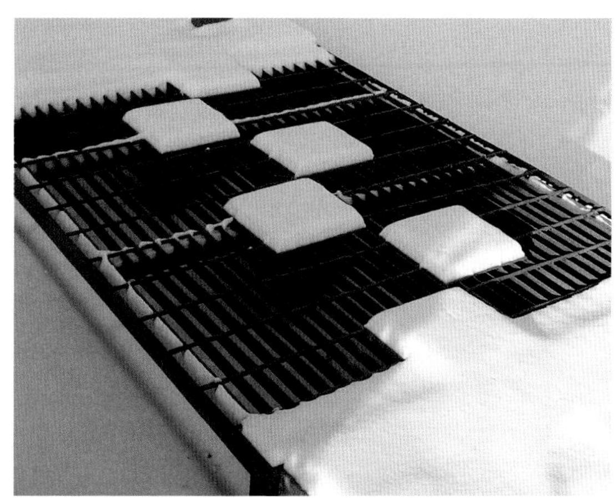

招商花园
Zhaoshang Huayaun

项 目 名 称：招商花园
项 目 地 址：广东深圳
项 目 面 积：34,000 平方米
景 观 设 计：深圳柏涛环境艺术设计公司

深圳招商花园，按照全新的城市主义理念，创造了一个具有一定聚集度的都市生活场。景观设计以优雅、清秀的风格为基准。为了吸引区域高管人士与高技术人才在此安家，招商花园产品定位于为精英人士提供完善的居住环境。在设计中，努力创造出多级的公共式社区空间的环境组合，同时精心策划了从城市空间进入住区空间的递进关系。

依据公共活动空间中广场、街面、绿地、组团、庭院等空间的顺序，建立了不同情愫顺序的场所，使人与人的社会关系在小区域中得到舒缓和改善，从而营造了区域归属感。招商花园独有的个性气质与现代生活方式是非常和谐、真实的，营造了实用、舒适，轻松的氛围。

翡翠城汇锦云天居住小区

Emerald City Kam Skylight Residential Planning, Architecture and Landscape Design

项 目 名 称：翡翠城汇锦云天居住小区
项 目 地 址：四川成都东湖片区中部
项 目 面 积：80,000 平方米
景 观 设 计：欧博设计

通向滨江公园的两条景观主轴线将小区清晰地分为 3 个组团。根据片区总体规划要求及周边城市形态特征，在小区西南边布置底层联排别墅及多层花园洋房，在小区东北边布置高层住宅，形成沿江面低，并逐渐向远处升高的小区整体空间形态。建筑单体布局注意朝向及景观视线的均好性，在利用沿河自然景观的同时，通过住宅间的组团布置组合，形成两条景观主轴，创造层次丰富的小区内部景观。

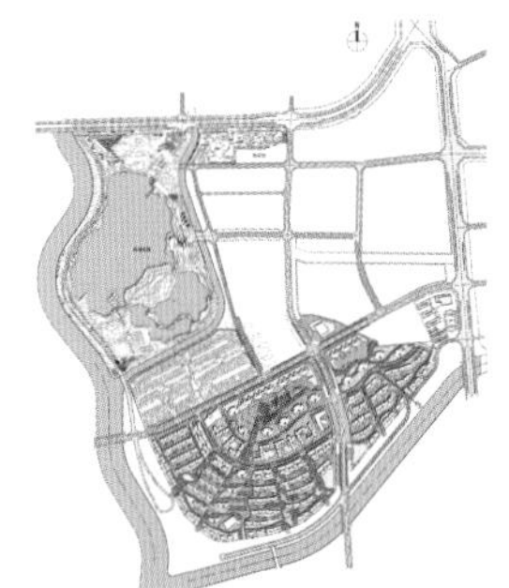

翡翠城·汇锦云天
JADE CITY

翡翠城·汇锦

恒邦·翡翠国际社区
Hengbang · Emerald International Community

项目名称：恒邦·翡翠国际社区
项目地址：四川乐山市市中区东北部乐山大桥
项目面积：272,000 平方米
景观设计：成都绿茵景园工程有限公司
设 计 师：阿笠，张彬

丰富的自然植被，三江汇流，山林葱郁，更可见鱼翔浅底，鹰击长空，青山不改，绿水长流。

在概念构思阶段，设计师重视对两大需求主体的关注，其一为自然，其二为社区和人。

城市形象的塑造植根于大地的本色，三江汇流、山林葱郁的地貌勾勒出乐山的别样风情。翡翠国际社区坐落在岷江之畔，这里有丰富的自然植被，更可见鱼翔浅底、鹰击长空。虽然城市生态环境的稳定取决于多种因素，但是作为生态廊道的滨江环境必然是其中至关重要的因素。岷江滨江环境永续保持良好状态是景观设计中的第一命题！如何选择性保存场地内植被、保护动物的栖息之所、恢复水生态环境等都需要设计师理性解决。

乐山新区是城市发展进行曲中的强劲音符，这里是朝气蓬勃的新兴城区，亦是未来的美好家园。翡翠国际社区将以新时代的生活标准开拓这片土地，与之配套的市政公园更需要前瞻性的设计，塑造一个

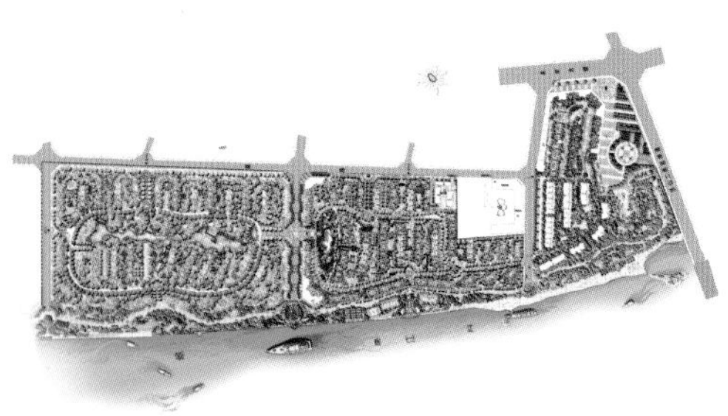

具有活力的滨江景观长廊，不仅能达到提升社区形象的目的，更大的价值在于它能开辟全新的社区生活方式，充分满足人性的需求。

我们的总体设计目标是寻找一种新的有建设性的方法来对待自然环境，建立一种人与自然和谐共处的景观，满足人们亲水近绿的愿望，实现社区生活更高层次的回归。

设计师为滨江景观长廊绘制出一幅美丽蓝图：在蓝色缎带岷江之畔，以生态文化园为龙头，以康乐休闲园为龙尾，以商业风情园、体育运动风情园为龙身，以不同的尺度，多样的主题构成统一的“大景观”。社区集生态、观光、表演、运动、商业、休闲于一体，展示了“翡翠国际”的新社区形象，使滨江景观长廊成为本新区发展的重要标志。

卡伦住宅区
Curran House

项 目 名 称：卡伦住宅区
项 目 地 址：美国 旧金山

卡伦住宅区的建成提升了廉价房的居住水准，说明有富于远见的客户和热忱的设计团队的支持，可以获得设计所带来的优良品质。由于小区多数居民没有汽车，并且住宅区附近公交便捷，客户和设计师决定不规划停车场。节约下来的经费用来修建平整的绿地、花园和私密阳台。经过这样的设计，卡伦住宅区成为既价格低廉，又适宜居住的花园小区。

卡伦住宅楼是为居住在旧金山田德隆街区的低收入家庭提供的廉租住房。从前，这一街区常常游荡着妓女、瘾君子和无家可归者。近年，越来越多的移民者迁居此地，因为这里的房租是最便宜的。现在，在这里居住的主要是低收入和破产者，迫切需要改善自身及其家庭的住房条件。在旧金山市政府住房委员会和非赢利性开发商田德隆街区开发公司的共同努力下，在市区建成了这个高密度住宅区。小区占地 12,970 平方英尺，可提供 67 套公寓，相当于每英亩土地有 223 个单元房。对于居住在此地的 3,500 个儿童和青年而言，

卡伦住宅楼大大改善了他们的住宅条件。他们生活在贫穷的街区，廉租房对他们而言通常意味着简陋的一居室、小旅馆房间和小工作室。卡伦住宅区以已故的帕特里克·卡伦嬷嬷的名字命名。她是天主教仁慈姊妹会修女，曾任圣安东尼基金会执行理事，致力于帮助田德隆街区无家可归者找到住所。

卡伦住宅区的景观设计分为 3 个区域：入口花园使居民和访客在踏入大楼的瞬间仿佛得以逃离喧嚣的闹市；住宅楼后面还有一个郁郁葱葱的小庭院；楼顶花园可为房客提供轮流使用的私人小花园。因为住宅楼几个街区开外有个新建的运动场，所以委托方要求设计师不要规划操场，避免噪音干扰社区其他居民的生活。

景观设计师所面临的挑战是设计一个入口通道，要求有一定的保安措施，营造出安全的居住氛围。设计师使用了中国传统形式的卵石铺装方式，以期在设计上求得宁静沉稳的效果，在使用上也更经久耐用。一棵高大的棕榈树挺立在楼前，水泥座椅从花园延伸到玻璃大堂，强调出住宅楼室内外的联系。

大堂后面有个玻璃卷帘门通向中庭花园，需要的时候可以打开，这样两个空间连接起来，可以容纳大型活动的举行。在中庭花园，住宅楼后退回缩，墙体仿佛脱离了建筑线条，在庭院内部形成几个相对较小的区域。由于周围建筑的遮挡，只有部分阳光才能照射进来。中庭四周栽种翠竹，不仅柔和了坚硬的墙体，还营造出令人放松的安全感。花园中央有一个低矮的长方形喷水池，用黑色水泥砖体砌成。池中有三个喷水孔，在平静的水面荡起阵阵涟漪。水流

边倾泻而下，透过金属格栅进入再循环水泵。潺潺的流水声掩盖了街边的喧哗，适宜在园中小坐沉思。喷水池周围是设计师亲自设计的柏树原木长凳，既舒适，又具有雕塑感，与花园的整体风格十分协调。

中庭两侧种满了树蕨、BABY TERAS 和亚麻。客户要求设法使这些区域看上去更像一个小绿洲，既阻止人们在靠近一层住户的地方聚集，同时尽量降低噪音，避免干扰楼上住户。过道旁有一排格栅罩住的天窗，下面的地下室就是非赢利性开发商的办公室。这里种植了一片苏铁树，一方面阻止人们靠近办公室屋顶，另一方面是为了形成建筑对称感，同时又把这块原本不可用的空间也变成花园的一部分，并遮掩了天窗的存在。花园里还种植了马蹄莲、麦门冬、树蕨，这些植物即使在背阴处也长势良好，一年四季都郁郁葱葱。在九层住宅的楼边栽种了一棵高大的棕榈树，不仅增加了花园的规模感，还暗示出花园的私密性。

与中庭花园相反的是，屋顶花园完全沐浴在阳光下。为了节约经费，设计师选择铝合金种植槽，为住户提供可以种植蔬菜花卉的小地块。由于小区入住率达百分之百，对种植地块的需求远远超过可以提供的数量。因此，在品种上选择产量高的柑橘、石榴和奇异果。这些果树都种在铝合金的独立种植槽内，这也是景观设计师所设计的。洗衣房附近有活动桌椅可供住户在此吃饭聊天。屋顶的机械装置被深褐和浅褐相间的木塑板材遮挡起来。

为了获得通常为高档住宅才能拥有的景观效果，设计师必须进

行别出心裁的设计，达到少花钱多办事的目的。预算和维护费用都需要考虑进去。例如，水景的设置既要保证儿童的安全，又要降低维护成本。同时，即使将来客户因为无力出钱维护而只是成为摆设的情况下，依然能够增加花园的美感。为用很少的预算修建喷水池，设计师说服曾经与其合作的高端项目制造商，以极低的价格修建水池，细节方面则由设计师亲自无偿加以完善。

在技术方面，设计师所面临的最大挑战是屋顶的排水设计。由于预算所限，屋顶结构甲板上铺设的混凝土层只有 2.5 英寸的厚度。为了保证屋顶排水顺畅，需要数量极多的甲板排水管。设计师在混凝土层中安装了一套下水管道系统，以减少排水管的数量，每个种植槽的渗水都能直接进入排水沟，避免流得到处都是，同时为灌溉用水管线的铺装提供了空间。可移动的金属网眼井盖方便管道的维修，又起到排水的作用。

可回收的木制长凳是专门设计的，造价远比成品低廉。设计师找到从事家具制造的朋友，在他们的帮助下搜集了一些原木，并切割成特定的形状。为做成最终成品，总承包商同意与其固定转包商以外的制造商进行合作。因此，对涉及项目的所有各方而言，这是一次基于无限信任的合作：建筑师不愿因为是廉租住宅项目而放弃修建诸如喷水池等休闲设施；景观设计师精心设计了花园并完善了细节构造；承包商和制造商使设计构想成为可能。可以说，没有各方不同寻常的这次合作，不可能在预算允许的条件下完成设计中的各个重点。

合肥金色池塘
Hefei Golden Pond

项 目 名 称：合肥金色池塘
项 目 面 积：300,000 平方米
景 观 设 计：瑞典 SED 新西林园林景观有限公司

“金色池塘 Golden Pond”大型居住区项目占地 30 公顷。它位于合肥市西郊，东沿西二环路，南临樊洼路，整个基地紧依清溪森林公园和植物园，是距市中心最近的、最具自然气息的风景区住宅。

自然 Natural、人文 Humanistic、协调 Harmonic

一个成功的景观设计，应当具有文化和自然地域肌理，并能使景观在自然、文化环境中有机地发展。因此统筹安排如何将道路、排水、资源和自然保护、野生动物栖息、社会交往空间以及建筑位置等进行有效的控制协调十分重要。

金色池塘社区的地块原为一片芦苇丛生、水鸟出入的原生缓坡湿地，地形呈北高南低之势；由于靠近董铺水库的水源涵养地，地块上树木丛生，植物资源非常丰富；地块原有多个原生池塘，其中最大的一个面积达到 10,000 平方米左右，因此，水景资源是地块的另一大特色。地形之起伏，水面之动静，草木之野趣，共同形成了此地块得天独厚的自然条件。设计师在充分结合项目原有地块条

件的基础上，摒弃了当前流行的人工造景和单纯的欧美庭院或中国古典的空间布局和设计手法，而是对地形环境加以重新解释，挖掘其特色。充分发挥地形地貌起伏的特点，改造、保留了地块原有的水塘、树林、坡地和谷地。

整个小区的景观设计围绕着池塘这个主题展开，设计师在对地块原有的池塘进行改造整理后，基于"水曲因岸、水隔因堤"这一中国传统园林自然理水的思想，在"金色池塘"与"生态湖"之间置以石堤、水岛和小木桥，既分隔了水面，又使景观具有了开合与收敛的对比效果；同时又用小溪将它们连为一体，以自然式水景为主，整齐式水景为辅构成了金色池塘特有的大型池塘水系景观。

作为空间引导的另一脉络园路，设计师则将其分为主要道路、次要道路、步行道和景观小径。主要道路贯穿整个小区，形成了全区的骨架，同时接通主要入口及主景。既有消防、行车等功能作用，又有观景、漫步的休闲作用。而次要道路则是各个分区的内部骨架，通过步行道和景观小径与附近的景点相互联系。

以此作为主线，设计师从整体上把握了整个空间布局，基于中国传统园林设计思想，中西造园手法结合运用，营造出集东西方园林造景文化于一体，生态人文景观相呼应的自然人居环境。从而"以自然之理，得自然之趣"。

中西结合 Chinese Western overlapping ，传统现代并行 Modern-Tradition integrating

金色池塘的设计中，既大量运用了中国的传统造园手法，例如

利用基地天然的高低起伏，在地势的设计上或取势成坡，或堆土成台，充分保留了自然地景；应用“水曲因岸、水隔因堤” 的自然理水手法；将景观小径的设计以自然园林的道路为主，有明有暗，往复曲折，明者踏园径，暗者穿林木，半明半暗则步曲廊；“浮香绕曲岸，圆影覆华池”，虚虚实实，方方皆景，处处是境，从而创造出变化丰富的景观空间。

另一方面，设计师也巧妙运用西方现代的造园手法，例如：设计中依地形走势在居住组团里设置了下沉广场，周边引入配置了儿童游戏场、休息回廊，作为小区居民的活动和休闲空间；沿金色池塘的周边，设计师以原色和棕色的硬木方搭建了亲水木质平台；在主入口与小区组团中适量地运用了西式风格的喷泉和雕塑；草坪上点缀了一系列具有现代生活品位的景观小品和休闲用具，结合池岸的亲水步道和观水平台，等等。这些设计既满足了居住者的功能需求，又给小区注入一丝现代人居的惬意与风情。

材料 Material、技术 Technology、创新 Innovation

在材料的应用上，不论是永久性的材料（石头、土壤、水等），还是动态而富于变化的植物，我们都充分考虑了其特性和优势。例如：利用植物具有的降温、增湿、减风、吸尘、降噪、调节空气和保持水土等作用，同时，植物的多样性又使景观设计有了更为丰富的造景手法。我们在设计中保留了原有地块上生活的大片芦苇，取它的天然野趣；并在水边种植了耐湿的柳树。两种植物的生态要求相近，富于诗意。每到春秋，一个是“千丝万絮惹春风”，一个是“狂随

红叶舞秋声”，自古就是引起诗意的美景。小区中，我们还适度地保留了一些古树孤植，它们具有优美的姿态、舒展的枝条，或挺拔、或端庄，也给人以无限的诗情画意。又比如：小区的铺装材料主要有混凝土砖、天然花岗岩、洗米石、鹅卵石、陶砖等等，色彩多样，设计中穿插使用，形成了一种韵律美和节奏美。

金色池塘的一大特色就是其独特的水体景观，因而设计中的水体处理是非常重要的一个环节。设计之初我们就充分考虑了水体生态系统的建立和维护，在此基础上进行水景规划。充分利用地块原有的池塘及自然坡度，使景观具有有机发展的基础；将总水量的25%设计为循环水，使水体保持流动鲜活；采用先进的生态水体处理技术，模拟自然生态环境，达到水体自净的效果。

佳兆业香溪澜院

Kaisa Xiangxi Mission Hills Homes

项 目 名 称：佳兆业香溪澜院
项 目 地 址：上海市奉贤区
设 计 公 司：上海奥斯本景观设计有限公司

佳兆业香溪澜院作为一个兼具旅游和度假双重功能的项目，在景观上将体现海湾地区的特色，运用各种海洋元素来创造独特景观。项目运用景观空间来讲述故事，将各个景观空间用一条故事轴串联起来，每个不同的节点景观都有可识别性，给人不同体验，而整个项目给人的感觉更像一个主题乐园，让人在景观中体验到更多互动的乐趣。

采用西班牙风格的独特性就在于其与众不同的色彩，用质朴的温暖色彩营造主题环境，用绚丽和丰富的细节色彩来让细部有可看性。

优美造型：配合景观中茂密的植物，运用大量富有情趣的雕塑、景墙、喷泉，配合修剪过的植物，创造优美活泼的造型感。

取材质朴：为了体现原味西班牙风情，在景观中放置具有传统西班牙味道的手工质感陶罐、铁艺、圆角厚墙，给人亲和感和自然感。

179
Favourite

万科金域华府
Vanke golden mile Washington

项 目 名 称：万科金域华府
项 目 地 址：广东深圳
景 观 设 计：SED 新西林景观国际

万科金域华府坐落在“深圳城市的中心轴带”北延段——宝安区龙华新城，该项目占地约 6.8 万平方米，是深圳万科首个地铁物业。

万科金域华府园林的设计源泉，来自绘画大师蒙德里安的绘画结构及色块特点。设计师将蒙德里安的抽象画分解成简洁的几何图形，让线与线、线与面、面与面之间形成相互关联，在图形中吸入软、硬景的设计元素，让不同材质、肌理、色彩的物质相互融合、呼应，形成相互依存的场地空间。

细节设计上采用大量灰色元素，使空间成为一个有机的整体。石材、砌块的铺设追求纹路自然、缝隙均匀，强调边缘、路口转角、墙角等位置的衔接模数，尽量做到不切割材料。景观采用建筑设计的高差进行园林布局，并引入循环水景营造多重景观体系。通过简练的装饰，让简洁的线条使空间洋溢出一派热烈的城市时尚艺术风情。抽象与秩序，简约与纯朴，项目将现代艺术融入于社区的构成中，以自然的手法打造出充满现代气息的简约风尚。

【归院】
KING METROPOLIS

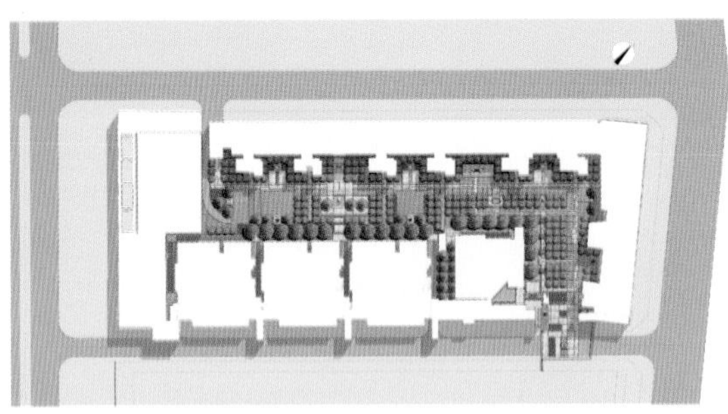

万科·金域华府
KING METROPOLIS

院落

沈阳万科金域蓝湾

Shen Yang Vanke Golden Mile Island

项目名称：沈阳万科金域蓝湾
项目地址：辽宁沈阳市浑南新区
项目面积：223,645 平方米
景观设计：SED 新西林景观国际

沈阳万科·金域蓝湾在沈阳奥体滨河区，汲取了浑河稀缺的景观资源。在沈阳这个缺水的内陆城市，打造一个泰式风情园林，会实现许多沈阳人滨水而居的生活理想，将沈阳的品质人居氛围推向了高潮。

沈阳万科金域蓝湾以园区外部的浑河滩堤公园、湿地公园为媒介，将浑河紧密相连，并于园区内部精心打造三大泰式景观公园，以五大公园的内外相连将稀缺的自然景观纳入园区生活。项目以泰国风情园林为蓝本，营造独特的异域风情，由伽蓝阁、听水台、清迈广场、瑞象亭等多个精彩的节点组成，整体面积约 4 万平方米，缤纷的色彩和丰盈灵动的空间变化，宛如一副异国风情画。低矮的灌木，高大的乔木，高低错落；平静的静面水池，流动的小溪，动静结合；朴质的雕塑，摇曳生姿的花树……从伽蓝阁到瑞象亭，风景弥漫到生活的每一个角落。

瑞象亭

厦门金域蓝湾

Xiamen Golden Mile Island Landscape Design

项目名称：厦门金域蓝湾
项目地址：福建厦门
项目面积：56,000 平方米
设 计 师：剑锋，李昆

厦门金域蓝湾，总占地 5.6 万平方米，作为万科进入第 25 个城市“厦门”的开山之作，引入曾荣获第 10 届“中华建筑金石奖”的万科·金域蓝湾系高档产品，以“关注城市文化，建筑人文生活”为主旨，提倡一种全景观阳光住宅，强调对居住空间的利用，将人的活动空间塑造成一个全阳光、全景观、全通风的环境，力求打造成一个集自然环境优势、生活配套完备、城市文化汇聚、新兴科技集纳的全新城市生态景观高尚居住区。

项目北邻吕岭路，西面接洪文路；南侧与西侧的规划道路将上述两条市政道路贯通，将项目 A、B 地块分隔开来。这样的平面布局方式一方面有利于项目 A、B 地块空间上的贯通与连接，另一方面又有利于加强项目区域外的联系，对于项目 A、B 地块的外围商业起到一个有力的促进作用。

我们想找到人们希望的居住与生活环境，在其中我们找到繁华与时尚，自由与幽雅，这些因素自然而又从容的结合，以自然的手

法打造出充满现代风情的东南亚风尚。

在平凡的细致里说明我们的设计语言

自然与人文景观相得益彰，同时也要考虑到整个空间的尺度、规模。设计风格在平凡中用细节和简洁创造更宜人的空间感受，使景观在平凡中消除表面的棱角，用朴实与人性化说明现代与人们生活的感动。

现代建筑中的简洁的东南亚风格

现代的东南亚风格创造出鲜明的社区形象，利用景墙、水景、特色的雕塑、肌理变化、空间变化等讲述现代的东南亚风情与简洁时尚的幽雅精彩。

小区主入口区域由一个相对紧凑的轴线空间，作为引导将观者引入小区的入口洗礼区域。在设计轴线上考虑到景观的移步异景效果和人对事物猎奇的心理，将市政入口轴线与小区入口轴线做了适度的错位处理。人们通过一个紧凑狭长的空间看到的对景是一组有万科项目 LOGO 的喷水景墙，走出这一区域眼前豁然开朗，小区入口洗礼区就出现在眼前，一张一弛、一开一合中体现了东南亚风情园林的趣味所在，利用景墙，营造出 " 收、放、开、合 " 的绿化空间。

用自然和绿化营造诗意空间

市政绿化带区域：考虑到市政设计对绿化覆盖率 60%~70% 的设计要求，我们将这个区域定义为集中的绿化区域，在保留原有市政人行道及两排凤凰木的前提下，增加绿化面积及大型乔木的种植空间。只有两处设有尺度适宜的人行入口，与绿化带中的人行步道

连接，形成漫步体系，考虑到绿化带与项目商业街相连，在设计中尽量减少中层次的灌木渲染，转而强调草坪与大型乔木形成的开阔型视线空间，一方面保证市政绿化带在视觉层次上的丰富性，另一方面也使得商业界面与外界在空间上是通透的、联系的。　商业广场区域是以硬质铺装为主的开敞商业空间，在设计中以有涌泉肌理的带状水体作为引导，以景墙与热带植物作为映衬，将人流引导向项目的商业空间，以矩形旱喷下沉广场和枝干有较强肌理的棕榈科植物矩阵穿插结合的景观，丰富广场景观层次，再将遮阳伞与休闲座椅设置其间，使得广场景观在设计内容上更为丰满。

在项目分期上分为 3 个层次：

一期连系市政主入口，通过现代的设计语言和材料，结合东南亚风情主入口构筑物与一组括号型的景墙共同形成小区主入口的洗礼空间。进入这一空间，浅米色景墙、平静的水面立刻跃然映入眼帘，水中的睡莲、雕塑与水中的倒影交相辉映，伴随着微风吹来的一阵涟漪，在翩翩起舞。水面从空间上延展了洗礼区域，使得整个空间分外通透、清晰。洗礼区的南面以密集的植物种植作为背景，适度放置一个与休闲空间结合的小水面，起到画龙点睛的作用。向小区西侧漫步，是组团的景观泳池区域，这一区域是由成人泳池和儿童泳池组成的。为了保证住户的安全，在视线开阔的区域设有救生人员的瞭望台。在这个区域中存在着一个消防登高面，是设计中亟待解决的问题，考虑到它的宽度及与泳池的关系，我们在东西两侧设置门禁对泳池区域进行管理。通过步道、休闲平台及关系丰富

的泳池线形将其矩形轮廓打破，并在不同标高的休闲平台其设置楼梯进行联系，将这一区域作为泳池南侧的一个休闲平台区域，使其在功能与景观上得到一个平衡。

二期景观区域是以绿化种植为主的区域，其中点缀以点状水景、风情雕塑，增强漫步其中的观赏性。在植物设计层次上使用有收有放的设计手法，乔木密植区域与绿化开敞空间相结合，使得空间张弛有度、充满活力。泳池的西侧设计为儿童开放活动空间，设置有沙坑、滑梯、秋千、跷跷板等活动设施。

三期景观为项目的次入口区，与项目B地块紧密相连，在设计中主要的问题是如何将小区出入口与人防出入口结合进行设计。我们通过空间中设计元素的穿插关系，解构巨大的形体，以简约、时尚的设计语言将其重构入小区入口中，形成其不可分割的景观部分满足功能的同时为住户提供休闲、娱乐的空间，可谓一举两得。

远洋城
Ocean City

项 目 名 称：远洋城
项 目 地 址：广东中山
项 目 面 积：620,000 平方米
景 观 设 计：深圳柏涛环境艺术设计公司

中山远洋城住宅区位于广东省中山市城东区的高品质片区内，项目开发档次较高，规模较大，所处位置较好。本区北面与建设中的中山博览中心隔街相望，更可远眺紫马岭公园：西面为规划中的金字山公园：东面为长命涌——这是中山市内的天然河道。金字山坐落在本住宅区中段，东西走向，形成多个小山丘，地形小有起伏，天然植被情况良好。

在环境设计中，对不同性质的住宅分区采用了不同的设计手法。北区与南区，采取人车分流，保证了每个分区内的安静与安全。区内采用规则的道路、广场、水景及构筑物构成多个景点。区中布置了多个水景与水系，水的流动给住区环境带来了灵性与生气。中部地段，依山势布置别墅。道路沿山体自然布置，环境设计风格以自然为主。景观设计尽量保持好原有树木与地形。别墅围墙、大门庭院中的布置都呈现欧洲新古典风格。在私家花园中设置泳池。对于每个分区入口作重点处理，使其各有特色，又有共性。

景观设计对远洋城东边上的长命涌进行改造，设人工堤坝控制进出水量。岸边结合公路人行道做成栈道，成为景观与休闲之地。河床内布置多块湿地，种植菖蒲、芦苇、鸢尾、水芋、睡莲等，使水面与湿地相互交织。小高层住宅分区内区布置一个泳池、球场、健身区、老人及儿童活动中心，创造了居住区住户的多种户外活动场地。

小区植物种类以本土植物为主，配植部分棕榈科植物，点缀少许古树，多植草皮，适当配置各种灌木，形成疏密有致的室外绿化空间。

小区建筑为欧式新古典风格住宅建筑。景观设计为与其相协调，以同样风格与手法设计铺地；并在构筑物及小品设计上延续欧洲古典建筑风格。

小区主要步行道入口及广场是设计的重点。设计中将主要步行道与景观结合起来，做到景随步移。

在中山远洋城中，你将拥有一个愉悦的、生机勃勃的、富于文化内涵的居住空间。

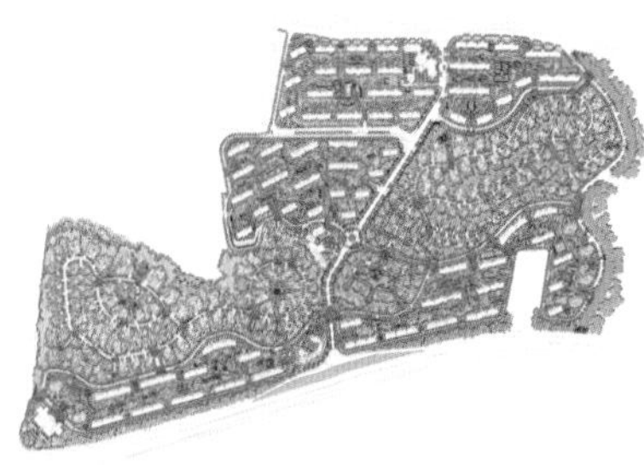

唐人起居
People Living

项目名称：唐人起居
项目地址：河北省唐山市路北区翔云道
项目面积：12,400 平方米

本设计源起于一种对住居空间的扩大思考，即认为一个社区，或者一个城市，是作为个人之“家”的外延。本案是一个商品居住楼盘的室外景观，设计师认为它更应该是“家”的一部分。

设计师的第一个动作，是将住居空间迁移到室外。住居空间中的起居、卧室、书房、厨卫等四种空间被分别放置在楼盘四个楼间绿地上面。

设计师的第二个动作，将已经外延的室内空间变异为一种景观使用动词：坐、卧、停、留，并将之形象化，形成室外家具的原型。根据四个景观使用动词与住居空间的对应关系，设计师又将点题的空间单元做出了开放、半开放、私密、半私密等的界定。结合由于地下车库带来的种植土厚度、采光等问题，设计师将景观地形母题设计为台形土台。至此，设计师将所设计的对象用文字做出了概述：坐在廊下，卧在水上，停在山顶，留在林间。

随之，设计师做出了第三个动作：诗化意境。

如何坐？坐看云起时，如何卧？卧听松涛远；

如何停？停望枫林晚，如何留？留连戏蝶舞。

根据诗化语言的阐述，本设计又深化了一层，特别是植物的种植设计，在设计中有了依据。比如“坐”区的云形种植槽，“卧”区的一棵大油松，“停”区的元宝枫林，以及“留”区的招蜂引蝶花卉地被植物的种植，都有了一种水到渠成之感。

在本项目的设计中，景观建筑师房木生提出了一种非“仅观”的景观设计方法，主张设计应当来源于普通的生活细节，理性地提出问题，然后充满想象力而浪漫地生成景观空间。房木生对过分倚重视觉因素之“仅观”的景观设计方法是抱有置疑的态度。景观不仅仅是给人们带来视觉愉悦的形体，它更应该是给人们带来多重感官体验的空间场所。

本项目的设计过程中，设计师对于空间形体的理性分析与对文学文字的推敲考究，有一种一气呵成和灵感相互触发之感。对空间形体的理性分析生成了文学文字所描述的意境，文学文字的意境又反过来促进了景观细部的深化。

值得一提的是，景观建筑师房木生不仅为业主提供了一份基于理性分析的景观设计方案，还为本项目起了“唐人·起居”的案名，寄寓唐山人（或者说中国人）在此开始一种高层次的居家生活。

事实上，随着景观环境工程的最后建成，住在唐人起居中人们的高品质生活已经开始。

星湖湾畔的中国院落

Star Bay Side of Chinese Courtyard

项 目 名 称：星湖湾畔的中国院落
项 目 地 址：广东肇庆

在美丽的国家 AAAA 风景区——肇庆七星岩的星湖湾畔，错落有致、绿意盎然的湖岸线南岸，悠然耸立着一组江南徽派风格的建筑群，与星湖景区和谐相处又交相辉映，显得非常突出。这就是目前在肇庆地区家喻户晓的最高档楼盘——肇庆星湖湾。

星湖湾，位于肇庆市端洲四路青莲村北侧，一如它的名字，座落在星湖边上，依着星湖，与肇庆的风景胜地七星岩遥遥相望。漫步在星湖岸边的木质平台上，微风抚面，星湖在阳光的照耀下，波光粼粼，虽身处市区，却有远离喧嚣的宁静；有道是登高望远，登上高楼，整个七星岩风光尽收眼底，七星岩湖面广阔，七座苍翠的山岩，矗立湖滨，排列如同北斗，青山绿水，碧波荡漾，令人心旷神怡。

设计原则

本设计以现代中式风格为主，采用回归自然的造园手法，突出居住区浓厚的中式文化，追求现代景观设计理念，将园林景观渗透

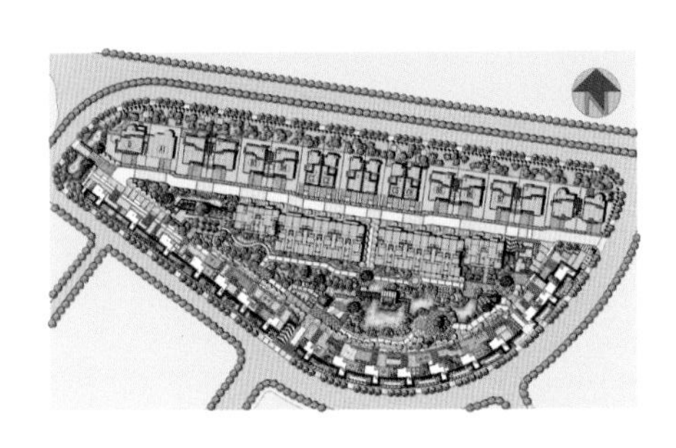

入居住区整体规划中，形成绿化景观系统，努力打造“人文与生态相契合”的自然式景园。

• 文化性　全面了解和挖掘该区域内的地脉、人文，不仅让居民具有视觉美的体验，更提供文化内涵，使居民在心理上与设计师产生共鸣，以便更准确地表达设计理念。

• 渗透性　把大片绿地看作景观基底，各种场地、节点均在不同形态在基底中相互渗透，强调空间的渗透，将树木、流水、活动空间、景观节点用基底来获得统一。

• 生态性　依托现有自然环境，尽量少动土方，努力保留地块内的自然地貌与生态痕迹，植物种类丰富，利于鸟类等生物的觅食、生存，同时努力使建筑与自然环境间彼此包容与和谐。

景观区域营造

以简洁、现代的设计手法，从生态学角度出发，以营造“人文与生态相契合”的自然式景园为原则，居住区分三大园林景观区：

北部私家花园景观区　该区在合理组织交通的前提下设计规划了一连栋的私家花园，通过围墙、绿篱形成空间的隔离，运用自然式设计手法，注重细部景观处理，营造优美、细致、宜人的私密性空间。

中部公共景观区　该区面积较大，为一大型公共景观活动区。此区以水景为线索展开，通过水体的收放变化与水体形式的改变结合地形来营造一系列多变的空间。利用东部的树阵广场与道路边景观带形成的高差营造了一个跌水瀑布、涌泉相结合的景观节点，并

以此作为此区景观的起点，沿线通过空间郁闭度的变化沿溪形成一系列景观：密林小道、树阵广场、阳光入口等等。住户入口与道路间以木桥相连，更体现古老而现代的中式风韵。沿溪至中部地势抬高的中式风格会所形成景观高潮点， 高潮处湖面宽广， 景观层次丰富，儿童活动场、木桥、花架、水边亭、木栈道等景观点错落有致。至西部的浮水广场形成景观序列的结尾，广场浮于水面，广场四周设有涌泉、亲水平台，同时用木桥与四周连接。

南部架空层景观区　此区将室外与室内景观共同规划，力求室内外景观相互融合。设计以简洁的直线为主，通过铺装、材质等变化及细节小品如景墙、汀步等营造出一个供居民休息、交流的场所，建筑旁白沙里几株挺拔的青竹、几把中式沙发、小小的木质长椅、卵石上优美的陶艺枯枝瓶、中国特色的屏风，种种细节无一不突显小区浓郁的中式风格，营造一种休闲的现代人文气息的空间。

HANEX

龙湖·香醍漫步样板房区

Longhu. Fragrant Tikk Stroll Model Fang District Landscape Design

项 目 名 称：龙湖·香醍漫步样板房区
项 目 地 址：北京顺义区
设 计 公 司：北京北林地景园林规划设计院有限责任公司

项目概况

项目位于北京顺义牛栏山镇，为顺义新城规划中牛栏山东南组团的一期项目，东至潮白河滨河路，西至顺安路，北至府前街和规划绿地，南至滑雪馆北路。

整体项目用地现状：项目用地西北高东南低，北面地块为一台地，有明显高差，东面地势较低，低于现滨河路。项目用地北面约2千米处有市重点的牛栏山中学，滑雪馆北路对面为乔波室内滑雪馆，顺安路西为牛栏山镇政府所在地和居住区，有托幼、小学、医院和商业等。

基本技术指标：项目建设用地面积 168,569 平方米

建筑占地面积 51,900 平方米

建筑密度 30.789%

容积率 0.899

绿地率 30%

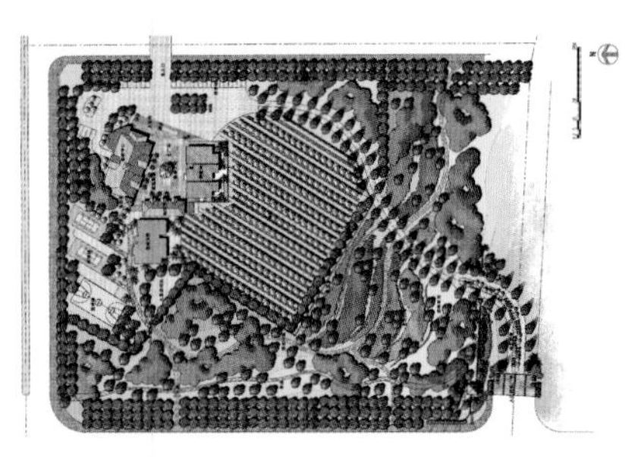

项目构思

“香醍漫步”社区公园项目位于顺义新城旁，东依潮白河畔，坐拥 3,660 公顷国家级森林公园，公园营造优美的托斯卡纳田园小镇风情，与自然融合的立面设计，为当地居民提供品味生活、享受自然的休闲环境。面积约 5 公顷，地势由南至北缓慢上升，“香醍漫步”楼盘建筑风格为意大利托斯卡那小镇建筑风格，园林则选用了与传统无关却洋溢着浓郁的中国北方特色的地中海式托斯卡纳南部风格。

设计中没有沿用传统园林的设计方式，而以北京山区村落质朴粗犷的景观风格为蓝本，采用了京郊山区常用的片岩和毛石为主要材料，并以现代空间设计手法塑造特有的山地式景观风格，使托斯卡纳风格与北方山地特色共存共融，达到了和谐，同时又继承了传统精神和地方精神。

全院共分为入口区、自然生态林区、种植园区、样板楼及休闲广场区。

入口门区以具托斯卡那风情的塔楼和门房以及门前广场组成，广场用三种不同色彩的毛石铺砌而成，毛石表面打毛边缘做毛边处理，追求古朴自然的手工艺风格，塔楼与门房之间以长段文化石景墙连接，体现意大利庄园的场所环境，矮墙周边种植成片的波斯菊和元宝枫，形成林下花圃的效果。

自然生态林区利用现有柳树林将排水沟加以改造，遍铺野花形成缀花缓坡沟谷景观，并利用周边的梨树遍植沟中，形成春季千树

万树梨花盛开，夏秋山花烂漫的效果。

进入门区由一条山间小路沿山坡向上，路旁种植 15 米以上的高大新疆杨，形成狭长的空间，呼应意大利的山地风格景观，主广场区由果园区、 建筑广场区组成，果园以阵列式组合排列出八棱海棠、梨树形成景观序列，以狼尾草、爬藤卫矛、画眉草、熏衣草等装点意大利南部植物风格。以高差大台阶、景墙、花钵、拱门、毛石砌块等体现山地丰富的景观风格，以具有地中海式风情的坐椅、花架、灯具、花篮等小品点缀园林。

园林是建筑的外立面：为了展现原生态园林景致，项目开始前在北京周边地区兴建苗圃和储备树木花卉。而为了让所有的植物都保持原汁原味的生长形态，将所有树木全部采用全冠移植手法。

同纬度选树确保四季美景：北京的冬季万物都处于休眠状态，而为了让香醍漫步能展现园林四季有景的特色，特别是在冬天还能保持一抹葱茏翠绿的景观效果，景观工程师特意在北京的同纬度区域，寻觅在冬季依然能保持绿意的树木。为了园区的鲜花开得比季节更早，提前便在花圃的温室里撒下鲜花的种子。

“香醍漫步”项目包含了社区公园、居住区样板间院落和居住区周边环境等多项内容，是一项综合性的绿地环境设计，通过打造同纬度的意大利南部景观风格，寻求相似地理、气候下的植物、小品以及硬质材料的运用，探索适合北方气候特征的本土化设计，运用北京独一无二的资源，寻求本土文化的精髓。

Chianti
龙湖 香醍 漫步